科学のアルバム

クモのひみつ

栗林　慧

あかね書房

もくじ

監修●萱嶋　泉
構成●七尾　純
イラスト●森上義孝
園　五朗
武市加代
渡辺洋二
林　四郎
装丁●画　工　舎

科学のアルバム

クモのひみつ

栗林　慧（くりばやし　さとし）

一九三九年、旧満州《まんしゅう》（現在《げんざい》の瀋陽《シェンヤン》）に生まれる。幼児期《ようじき》に日本に引き揚《あ》げ、長崎《ながさき》県田平町の海に面した豊《ゆた》かな自然《しぜん》の中で育つ。子どものころより動植物に興味《きょうみ》をもち、写真を志《こころざ》し、生態《せいたい》写真家となる。とくに、昆虫の生態や動植物の高速で動くようすを写しとめることを得意《とくい》とし、その制作《せいさく》活動と作品は高く評価《ひょうか》され、伊奈信男賞や日本写真協会《きょうかい》新人賞、同年度賞、西日本文化賞などを受賞した。現在《げんざい》は、ビデオを用いた生態映像《えいぞう》作家としても活躍《かつやく》している。著書《ちょしょ》に「源氏蛍《げんじぼたる》」（ネーチャー・ブックス）、「昆虫の飛翔《ひしょう》」（平凡社）、写真集「沖縄《おきなわ》の昆虫」（学習研究社）など多数ある。

●水平《すいへい》にはった円網《まるあみ》でまちぶせるシロカネグモ。

クモは、こん虫《ちゅう》のいるところなら
どこにでもみられます。
花《はな》の上《うえ》にも、かれ葉《は》の下《した》にも、
いろいろな場所《ばしょ》で、いろいろなクモが、
こん虫《ちゅう》たちをまちぶせています。

➡糸《いと》が金色《きんいろ》に光《ひか》るジョロウグモの網《あみ》。円《まる》網《あみ》の両面《りょうめん》に、できそこなったような網《あみ》をつくり、三重《じゅう》の網《あみ》をはる。

⬅網《あみ》にかかったキリギリスに近《ちか》づく、コガネグモ。足《あし》につたわる糸《いと》のしん動《どう》で、虫《むし》のかかった位置《いち》や方向《ほうこう》をしる。

空中《くうちゅう》のまちぶせ

夏《なつ》の野原《のはら》で、ジャンプしたキリギリスがクモの巣《す》にかかりました。コガネグモがはった、大《おお》きな円網《まるあみ》です。

ほそい糸《いと》が、キリギリスの足《あし》にからみます。うごけばうごくほど、ねばる糸《いと》がくっつきます。空中《くうちゅう》で、網《あみ》がはげしくゆれます。

網《あみ》のまんなかで、じっとしていたクモが、すばやく向《む》きをかえました。糸《いと》のしん動《どう》が、えもののかかったことをしらせます。ゆれる網《あみ》をつたわって、クモが近《ちか》づきます。

春《はる》から秋《あき》まで、いろいろなこん虫《ちゅう》が、野《の》原《はら》の上《うえ》をとびまわります。網《あみ》をはったクモが、空中《くうちゅう》でまちぶせます。

●えものをとらえるクモ

➡えものに糸《いと》をなげかけるコガネグモ。大《おお》きなえもののときは，後《うし》ろ足《あし》で糸《いと》をくりだして，えものになげかける。何百本《なんびゃっぽん》もの糸《いと》の帯《おび》が，にげようとするキリギリスにからみ，うごけなくする。えものが手《て》におえないほど大《おお》きいときは，糸《いと》を切《き》って網《あみ》からおとす。

⬇えものを糸《いと》でまいてつつむクモ。えもののうごきが弱《よわ》まると，えものをつかんでクルクルまわりながら，糸《いと》の帯《おび》でまく。すっかり糸《いと》でつつむと，えものをぶらさげていた糸《いと》を切《き》り，つつんだえものを口《くち》にくわえて，網《あみ》の中央《ちゅうおう》にはこぶ。

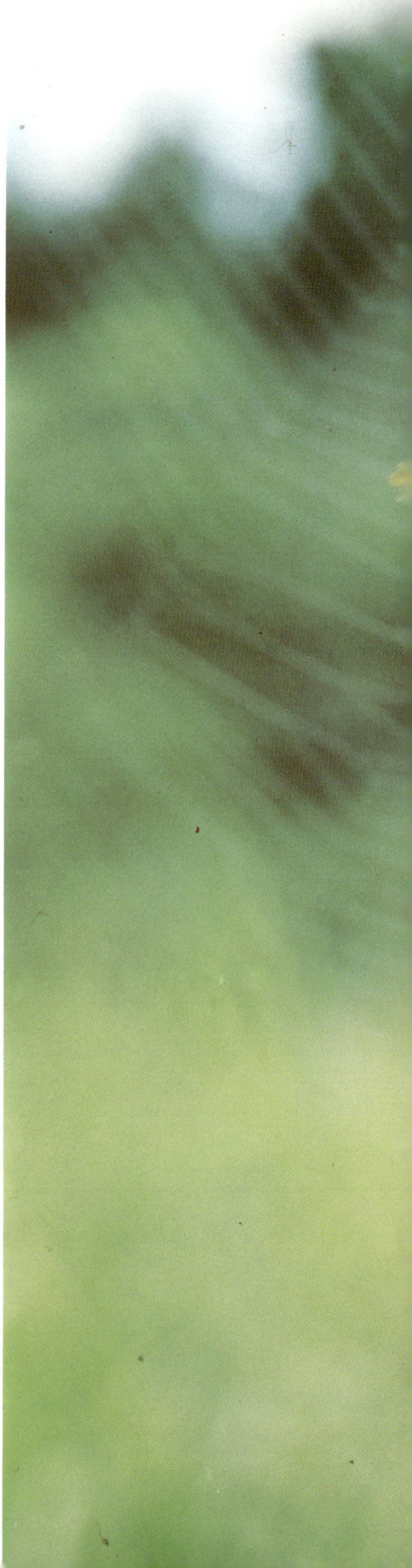

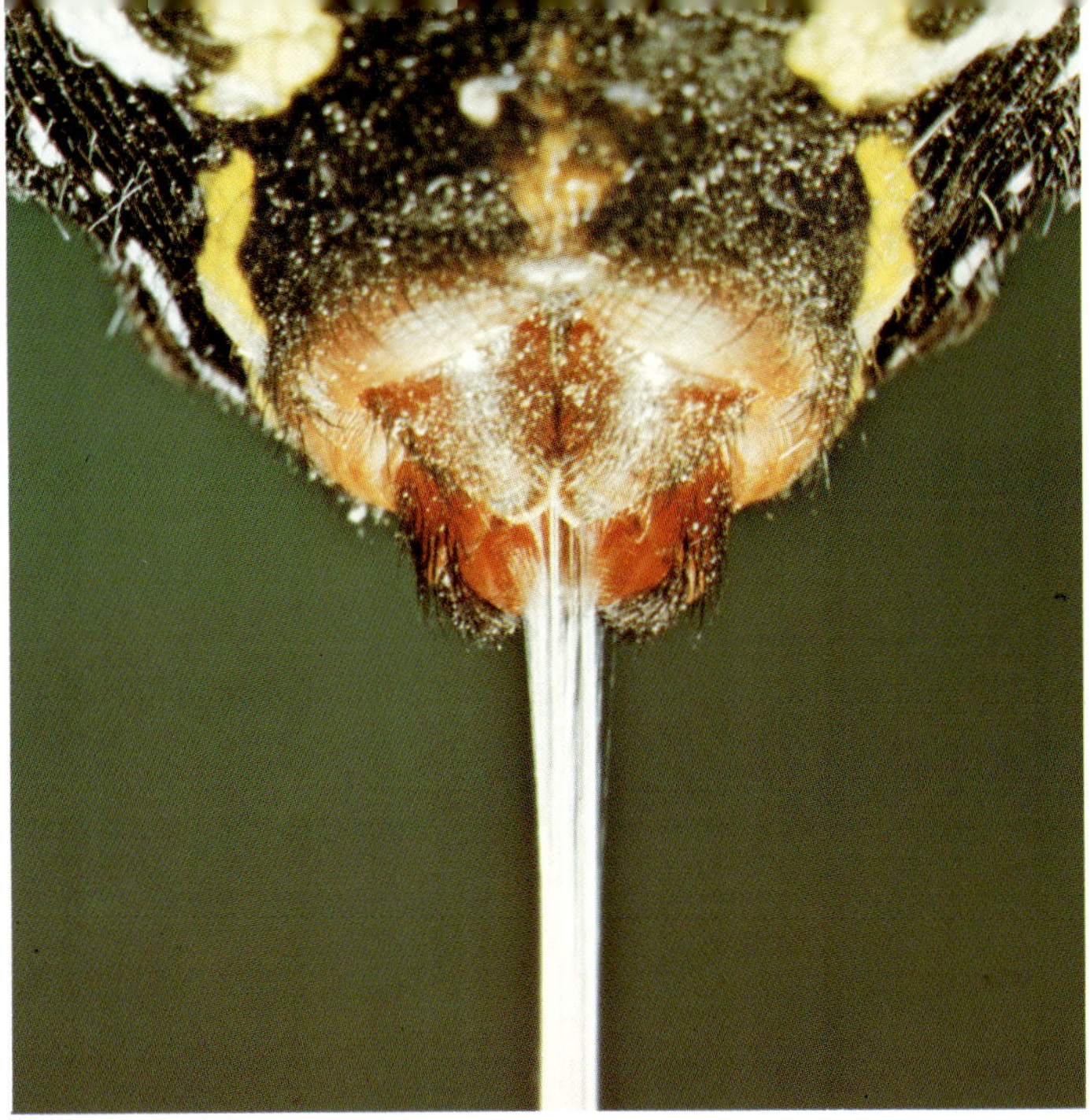

糸《いと》と網《あみ》

オニグモが網《あみ》をはるのは、夕方《ゆうがた》になってからです。昼《ひる》まは、小鳥《ことり》にみつからないように、できるだけじっとしています。のき先《さき》やえだ先《さき》で、おしりをもちあげたクモが、風向《かざむ》きをしらべて、空中《くうちゅう》に糸《いと》をだします。糸《いと》が風《かぜ》にながされます。長《なが》くのびた糸《いと》がはなれたえだにからみつきました。網《あみ》の外《そと》わくになる、糸《いと》の一本《ぽん》がかかりました。

それからは、糸《いと》をひいてクモが走《はし》りまわります。ふとさや性質《せいしつ》のちがう糸《いと》を、順《じゅん》につかって、網《あみ》をはります。

クモは、空中《くうちゅう》作業《さぎょう》の命《いのち》づなや足場《あしば》にも、おしりのいぼからでる糸《いと》をつかいます。

➡一本《ぽん》にみえるクモの糸《いと》も、何百本《なんびゃっぽん》ものほそい糸《いと》のあつまり。いぼにある毛《け》のようにほそい管《くだ》から糸《いと》がでる。

●網《あみ》をはるオニグモ

①最初《さいしょ》の糸《いと》(三角印《さんかくじるし》)を往復《おうふく》して、糸《いと》をはり、ふとく強《つよ》くする。

②網《あみ》の骨組《ほねぐ》みになるたて糸《いと》を、順《じゅん》にかけていく。

③骨組《ほねぐ》みができると、足場《あしば》にする横糸《よこいと》をうずまきにはる。

④ほそい糸《いと》の足場《あしば》を利用《りよう》して、外側《そとがわ》からふとい横糸《よこいと》をはる。

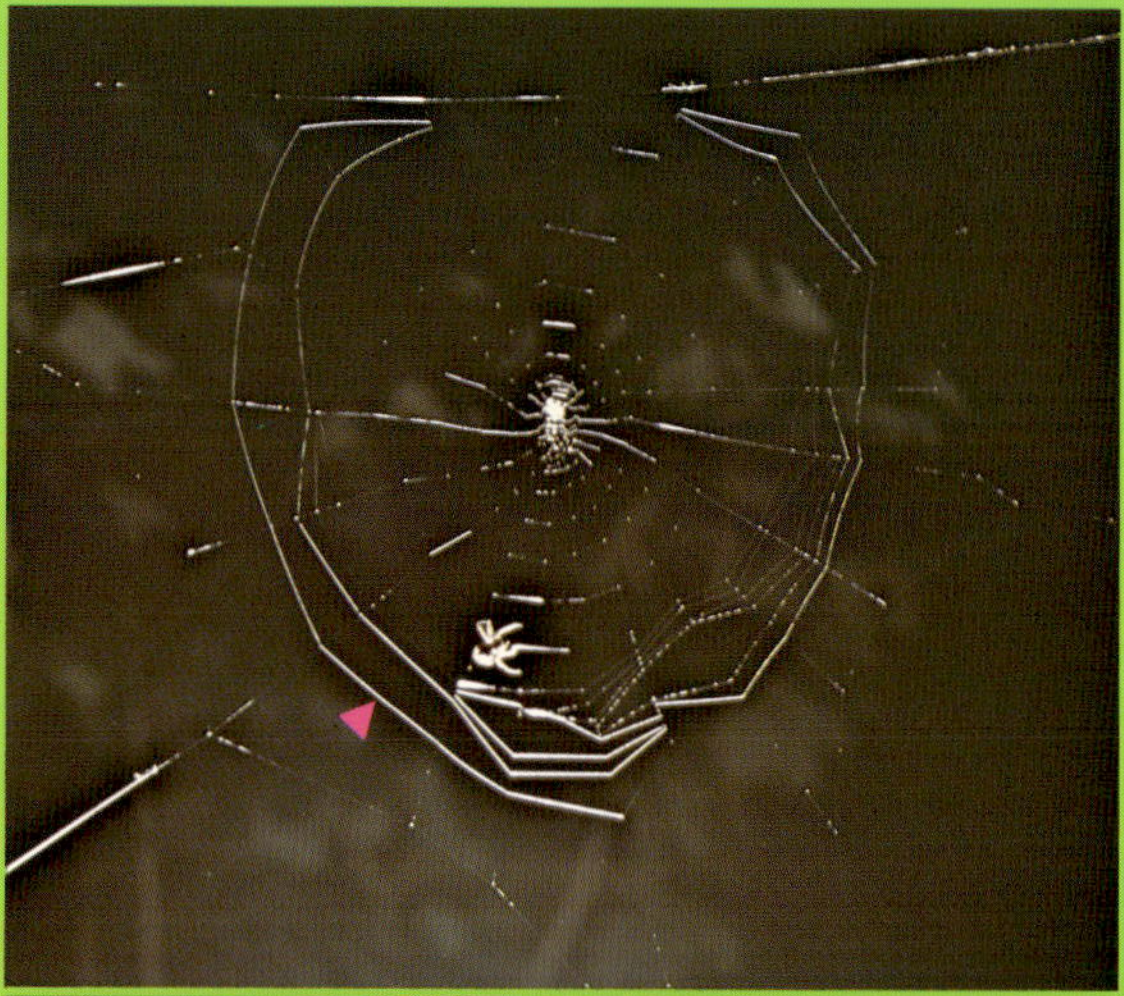

⑤つかった足場《あしば》の糸《いと》をはずしながら、ねばる横糸《よこいと》をはる。

⑥すっかりできあがった、オニグモの円網《まるあみ》。

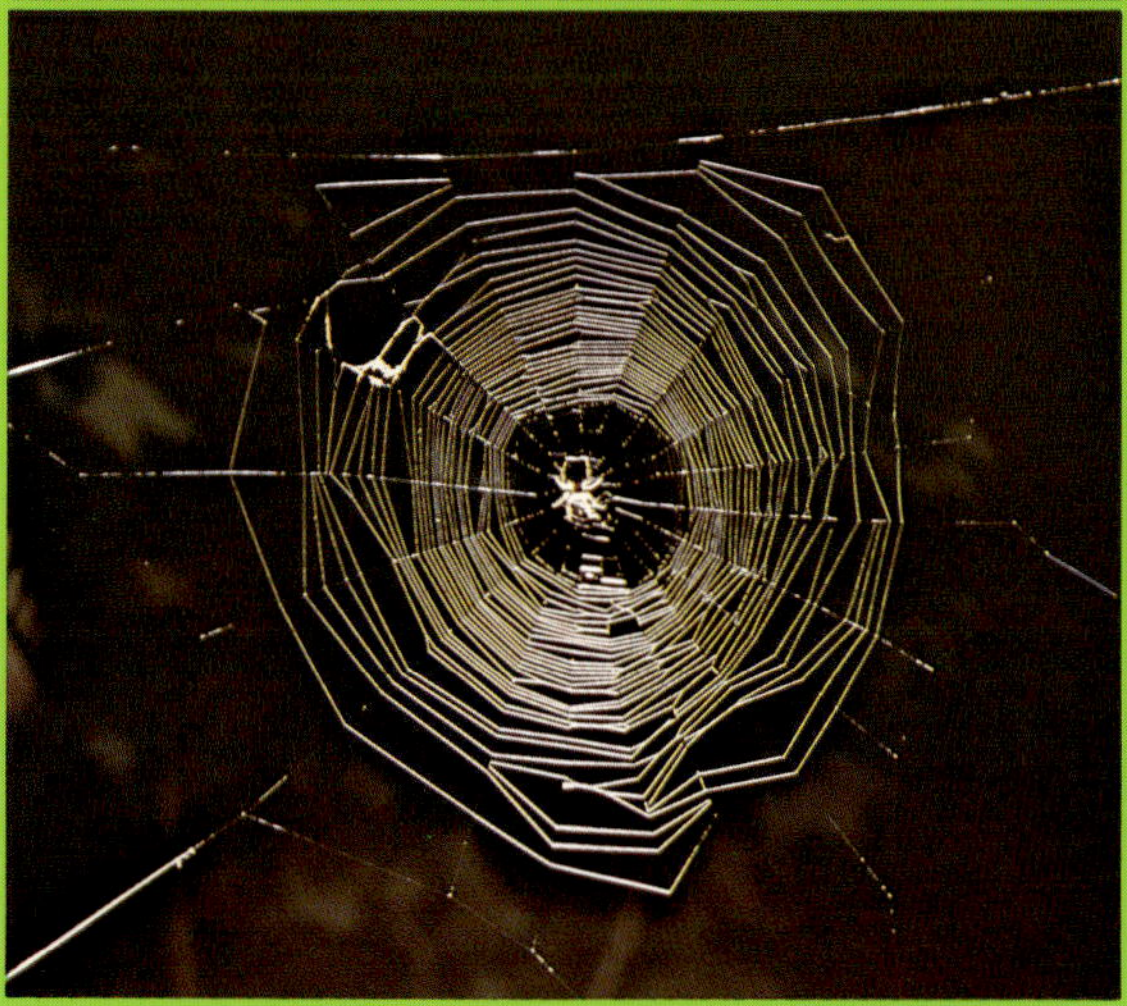

きばと毒液《どくえき》

クモのもうひとつの武器《ぶき》は、上《うわ》あごのするどいきばと、きばからでる毒液《どくえき》です。人間《にんげん》にはたいして害《がい》にならない毒液《どくえき》も、こん虫《ちゅう》をたおす強力《きょうりょく》な武器《ぶき》です。糸《いと》のふくろのなかで、うごいていたえものも、クモがきばをつきさして毒液《どくえき》を注射《ちゅうしゃ》すると、たちまちうごかなくなります。

クモは、えさをかんでたべません。口《くち》からでる毒液《どくえき》が消化液《しょうかえき》の役《やく》めもして、えものをとかします。ポンプのような胃《い》が、とけたしるを口《くち》からすいこみます。あとには、消化液《しょうかえき》にとけないこん虫《ちゅう》たちの、かたいからだの外側《そとがわ》だけがのこります。

➡糸《いと》をつたわって歩《ある》くオニグモ。頭《あたま》の下《した》(円内《えんない》)にするどいきばがかくされている。クモは、きばのある上《うわ》あごと、毛《け》のある下《した》あごで、えものをくわえてはこんだり、くだいたりする。

⬅網《あみ》にかかったオオセンチコガネを、糸《いと》でまいたあと、きばをつきたてておそうオニグモ。

↑網《あみ》のうら側《がわ》にいるコガネグモ。かくれ帯《おび》や糸《いと》が，クモをめだちにくくしている。

↑かくれ帯《おび》の上《うえ》に，足《あし》をのばしてのせるコガネグモ。

かくれ帯《おび》

空中《くうちゅう》でまちぶせるクモは、めだちます。敵《てき》からも、えものからもめだたないように、じっとかくれてまちぶせます。

うずまきやX《エックス》字《じ》型《がた》のもようがついた、クモの巣《す》があります。網《あみ》の中央《ちゅうおう》に、たくさんの糸《いと》でできた白《しろ》い帯《おび》で、かくれ帯《おび》といいます。帯《おび》のうらに、クモがかくれています。

うずまきは、ウズグモのかくれ帯《おび》、X《エックス》字《じ》やI《アイ》字《じ》型《がた》の帯《おび》は、コガネグモのものです。ゴミグモのように、たべかすや網《あみ》にかかったごみをつけて、かくれるものもいます。

でも、空中《くうちゅう》に円網《まるあみ》をはってまちぶせるクモは、クモのなかのほんの一部《ぶ》です。

⬇①足《あし》をのばすとＸ《エックス》字《じ》になる，コガネグモ(おす)のかくれ帯《おび》。
②ナガコガネグモ(幼《よう》生《せい》)のかくれ帯《おび》。③ウズグモのかくれ帯《おび》。
④たべかすやごみでつくったかくれ帯《おび》の上《うえ》のゴミグモ。

①

③

④

②

↑とびらをわずかにあけて，まちぶせするキムラグモ。
→一瞬《しゅん》のうちに，ダンゴムシをつかまえたキムラグモ。

●生《い》きている化石《かせき》，キムラグモ

キムラグモは，大《おお》むかしの化石《かせき》のクモににた，原《げん》始的《してき》なクモです。腹部《ふくぶ》の背面《はいめん》には，ほかのクモにはみられない節《ふし》のあとがのこっています。

昼《ひる》まは，がけにほった土《つち》の中《なか》の横《よこ》あなで，じっとしています。夜《よる》になると，入口《いりぐち》のとびらをおしひらいて，まちぶせします。

頭《あたま》のてっぺんの目《め》で，とおりかかった虫《むし》をみつけると，ぱっととびだして，えものをおそいます。

➡まわりの地面《じめん》と区別《くべつ》がつかない、キムラグモの巣《す》。糸《いと》でつるしたとびらの下《した》に、キムラグモの巣《す》あながある。

地中生活《ちちゅうせいかつ》をするクモ

キムラグモやトタテグモは、土《つち》の中《なか》で生活《せいかつ》するクモです。大《おお》きな上《うわ》あごと足《あし》で、トンネルをほって巣《す》をつくります。

巣《す》の入口《いりぐち》は、糸《いと》に土《つち》をつけたとびらでふたをします。地面《じめん》ににせたとびらは、トンネルの中《なか》のクモや卵《たまご》をまもります。夜《よる》には、とびらのかげから、地面《じめん》を歩《ある》く虫《むし》を、まちぶせします。

地中生活《ちちゅうせいかつ》するクモの武器《ぶき》は、するどいきばです。えものにとびかかって、毒液《どくえき》(消化《しょうか》液《えき》)を注射《ちゅうしゃ》します。えものをとるのに、糸《いと》はつかいません。糸《いと》は、トンネルのかべをおおったり、卵《たまご》をつつむときだけつかいます。

←トタテグモの巣《す》の断面《だんめん》。内側《うちがわ》は糸《いと》でおおわれ、ふくろのようになっている。とらえたえものは、巣《す》の中《なか》でたべる。

キムラグモやトタテグモは、まだ糸《いと》の量《りょう》がすくない原始的《げんしてき》なクモのなかまです。

⬇岩《いわ》にはりつくように，地下《ちか》からニョキニョキのびたジグモの巣《す》。虫《むし》がふくろにふれると，ふくろごしに，中《なか》からジグモのするどいきばがおそう。

←土《つち》をほり，糸《いと》に土《つち》をつけながら，地上《ちじょう》にトンネルをのばすジグモ。地上《ちじょう》のふくろは，網《あみ》の役《やく》めをする。

↓ながくするどいきば(三角印《さんかくじるし》)をもつジグモ。きばのある上《うわ》あごは，土《つち》をほる道具《どうぐ》にもなる。

地上《ちじょう》にのびるトンネル

ジグモの巣《す》は、糸《いと》でつくったほそながいふくろです。半分《はんぶん》は土《つち》の中《なか》の巣《す》で、上《うえ》の半《はん》分《ぶん》は地上《ちじょう》にのびて、石《いし》や木《き》の根《ね》もとにはりついています。

ほかの虫《むし》がジグモの巣《す》にとまると、しん動《どう》がふくろの底《そこ》につたわります。ジグモはふくろの中《なか》をのぼって、ふくろごしに、するどいきばで、えものにおそいかかります。

えものが弱《よわ》ると、巣《す》の中《なか》にひっぱりこみ、やぶれたふくろを修理《しゅうり》してから、土《つち》の中《なか》でゆっくりたべます。

ジグモの地上《ちじょう》にのびたトンネルは、網《あみ》の役《やく》めをするふくろです。

↑網《あみ》のおくには，トンネルのすまいがある。トンネルは巣《す》のうら側《がわ》へのにげ道《みち》になる。

↑コクサグモの巣《す》。たなのような網《あみ》と，たくさんのいりくんだ糸《いと》が虫《むし》をまちぶせる。

えだのあいだのクモの巣《す》

草《くさ》や木《き》の上《うえ》にも、いろいろな虫《むし》がくらしています。クサグモは、えだの上《うえ》やあいだに巣《す》をつくり、えものをまちぶせします。

コクサグモの巣《す》は、えだのあいだにはられたたなのような網《あみ》です。たなの上《うえ》には、たくさんの糸《いと》が、はりめぐらされています。

ほかの虫《むし》が巣《す》にはいりこむと、いりくんだ糸《いと》のために身《み》うごきできません。しん動《どう》をかんじたクモが、えものをとらえます。

地上生活《ちじょうせいかつ》をするクサグモの巣《す》のおくに、トンネルの巣《す》がつづいています。すまいの役《やく》めをするえだのあいだのトンネルは、先《せん》祖《ぞ》の地中生活《ちちゅうせいかつ》のなごりです。

⬇網《あみ》に足《あし》をひっかけた，バッタの幼虫《ようちゅう》をおそうコクサグモ。トンネルにかくれているクサグモは，網《あみ》のしん動《どう》で，えものがかかったことをしる。

朝《あさ》つゆにぬれたクモの巣《す》

つゆのおりた朝《あさ》は，クモの巣《す》のほそい糸《いと》が，銀《ぎん》の糸《いと》のようです。糸《いと》の上《うえ》で，小《ちい》さな水玉《みずたま》がキラキラ光《ひか》っています。

そんな朝《あさ》は，ふだん気《き》がつかなかったところに，クモの巣《す》がみつかります。草《くさ》のあいだにも，高《たか》いえだにも，いろいろな形《かたち》の網《あみ》がみつかります。とびまわるこん虫《ちゅう》をとらえるために，網《あみ》をはるようになったクモのなかまたちが，いろいろな場所《ばしょ》でまちぶせしています。

網《あみ》の形《かたち》やはりかたは，クモの種類《しゅるい》によって，それぞれちがいます。

↓朝《あさ》つゆにぬれたオニグモの円網《まるあみ》。

ツマグロオオヨコバイが受信糸《じゅしんし》にふれたしん動《どう》で，巣《す》からヒラタグモがとびだした。

えもののまわりを走《はし》りまわって，糸《いと》でからめとり巣《す》にはこぶ。

かわったクモの巣《す》

ヒラタグモは、木《き》のみきの表面《ひょうめん》や家《いえ》のかべに巣《す》をつくります。白《しろ》いまくのような巣《す》です。巣《す》からほそい糸《いと》が何本《なんぼん》もでています。虫《むし》が糸《いと》にふれると、クモがとびだしてきます。この糸《いと》を受信糸《じゅしんし》といい、えものがきたことを、クモにしらせるのです。

ツリガネヒメグモは、がけの岩《いわ》のすきまで、虫《むし》をまちぶせます。かくれ場所《ばしょ》は、砂《すな》つぶを糸《いと》でかがったつりがね型《がた》の巣《す》です。糸《いと》に虫《むし》がかかると、でてきます。

虫《むし》がもぐりこみそうなすきまや物《もの》かげにも、小《ちい》さなクモや、かわった網《あみ》をはるクモが、こん虫《ちゅう》のくるのをまちぶせしています。

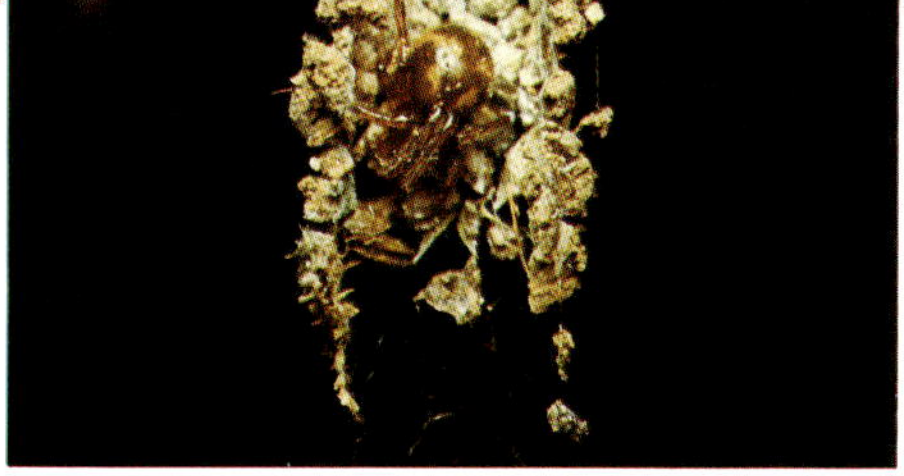

↑岩《いわ》のすきまにぶらさがった，ツリガネヒメグモの巣《す》。つりがねの巣《す》の下《した》に，ほそい糸《いと》がめぐらしてある。

←ツリガネヒメグモの巣《す》の断面《だんめん》。小《ちい》さな砂《すな》つぶが，糸《いと》でかがってある。体長《たいちょう》2～3ミリの小《ちい》さなクモ。

⬇アリをつかまえたアオオビハエトリグモ。ハエトリグモは，えものとの距離《きょり》をうかがい，ジャンプしてとびかかる。武器《ぶき》は，するどいきばと毒液《どくえき》。

←ハエをとらえたネコハエトリグモ。前《まえ》むきの大《おお》きな目《め》で，えものをみつける。

↓ハエトリグモの頭《あたま》は，えもののうごきにあわせてよくうごき，動作《どうさ》がすばやい。

網《あみ》をはらないクモ

草《くさ》や木《き》の上《うえ》でくらすクモのなかにも、網《あみ》をはらないクモがいます。まちぶせせずに、走《はし》りまわって、えものをさがすクモです。

ハエトリグモは、目《め》がヘッドライトのようにならんでいます。目《め》でえものをみつけて、ようすをうかがい、そっと近《ちか》づきます。

えものからすこしはなれたところから、ねらいをつけると、ポンとジャンプしてとびかかり、きばをつきたてます。

網《あみ》をはらないクモも、糸《いと》はもっています。葉《は》から葉《は》にジャンプしてとびうつるとき、ちゃんとほそい糸《いと》をひいています。命《いのち》づなの役《やく》めをする糸《いと》です。

むちゅうでみつをすっていたハチを，おそってつかまえたカニグモの一種《しゅ》。

からだの色《いろ》ににた花《はな》の上《うえ》で，やってきたハナアブをとらえたハナグモ。

花《はな》の上《うえ》のまちぶせ

カニグモのなかまは、植物《しょくぶつ》の上《うえ》でくらす、網《あみ》をはらないクモです。虫《むし》があつまる場所《ばしょ》で、えものをまちぶせするクモです。

あまいみつや花粉《かふん》のある花《はな》は、こん虫《ちゅう》たちの食堂《しょくどう》で、いろいろな虫《むし》がやってきます。カニグモのなかまがまちぶせにつかいます。

からだの色《いろ》は、花《はな》や葉《は》っぱににて、めだちません。ながい前足《まえあし》をひろげて、花《はな》の上《うえ》やかげで、虫《むし》がくるのをまちぶせます。

虫《むし》が花《はな》にくると、そっと近《ちか》づいて、ぱっととびかかって、とらえます。

大《おお》きな虫《むし》がくると、カニのように横歩《よこある》きで、さっと花《はな》のうらにかくれます。

⬇ミツバチをつかまえた，白《しろ》い花《はな》びらのようなアズチグモ。うまく花《はな》びらにばけたクモは，うごかなければ，敵《てき》からもみつからず，えものをまちぶせできる。

●花《はな》のなかのまちぶせ。

つつ型《がた》やラッパ型《がた》の花《はな》のなかに，クモがかくれていることがあります。まちぶせしているカニグモのなかまです。

オレンジ色《いろ》のポピーのなかで，じっとまちぶせているのは，ワカバグモです。ワカバグモは，5～6月《がつ》ごろ。葉《は》の上《うえ》を歩《ある》きまわって，えものをまちぶせるみどり色《いろ》のカニグモのなかまです。

➡水《みず》の上《うえ》を歩《ある》いて、えもののイトトンボをはこぶキクズキコモリグモ。池《いけ》や沼《ぬま》の水辺《みずべ》には、いろいろなこん虫《ちゅう》たちがあつまる。

⬅卵《たまご》をつつんだふくろをおしりにつけたまま、水中《すいちゅう》ににげこむキクズキコモリグモ。水中《すいちゅう》でも糸《いと》をひいてにげる。

水辺《みずべ》のクモ

網《あみ》をはらないクモには、地面《じめん》を歩《ある》きまわって虫《むし》をとるなかまがいます。地面《じめん》を歩《ある》きまわるハシリグモやコモリグモとよばれるクモたちです。

地面《じめん》を歩《ある》くクモは、木《き》のぼりはにがてですが、足《あし》をひろげて水《みず》の上《うえ》を歩《ある》くことができます。コモリグモをおどかすと、水草《みずくさ》をつたわって水《みず》の中《なか》ににげこみます。

えものも、地上《ちじょう》の虫《むし》や水辺《みずべ》にあつまる虫《むし》のほかに、水面《すいめん》におちた虫《むし》もねらいます。ハシリグモは、水《みず》の上《うえ》から、オタマジャクシまでねらいます。

クモのなかまは、春《はる》から秋《あき》まで、糸《いと》とき・ばと毒液《どくえき》を武器《ぶき》に、いろいろな場所《ばしょ》で、虫《むし》をまちぶせしています。

➡赤《あか》いタカラダニに寄生《きせい》されたウロコアシナガグモ。背《せ》なかにつくと、クモにはとれない。寄生《きせい》されても死《し》ぬことはないが、養分《ようぶん》をとられ、成長《せいちょう》が悪《わる》くなる。

⬅クモに針《はり》をさすヒメベッコウバチの一種《しゅ》。クモがうごかなくなると、クモの足《あし》を切断《せつだん》して巣《す》にはこぶ。

クモの敵《てき》

血《ち》をすう寄生虫《きせいちゅう》のダニ、クモをたべるトカゲや小鳥《ことり》たち、クモにも、ずいぶん敵《てき》がいます。でも最大《さいだい》の敵《てき》はハチのなかまです。

ベッコウバチのなかまは、クモを専門《せんもん》にとらえるかりゅうどバチです。ねらわれたクモはにげるまもなく、かりゅうどバチの毒針《どくばり》でますいをかけられます。うごけなくなったクモは、ハチの巣《す》にはこばれ、卵《たまご》からかえったハチの幼虫《ようちゅう》のえさにされます。

ヤドリバチのなかまも、クモの卵《たまご》やからだに卵《たまご》をうみつけ、幼虫《ようちゅう》のえさにします。

自然《しぜん》のなかでは、たべたりたべられたりして、生物《せいぶつ》がふえすぎるのをふせいでいます。

●交尾《こうび》の時期《じき》が近《ちか》い、秋《あき》のジョロウグモのおすとめす。クモはめすのほうが大《おお》きい。無事《ぶじ》交尾《こうび》をおえると、めすの産卵《さんらん》がはじまる。

卵《たまご》のふくろ（卵《らん》のう）

秋《あき》になると、ジョロウグモやナガコガネグモが、卵《たまご》をうみます。

卵《たまご》をうんだあとは、卵《たまご》のかたまりを、糸《いと》でつつみます。糸《いと》で、皮《かわ》のようにじょうぶな、ふくろにしあげるのです。

ふくろの中《なか》の卵《たまご》は、やわらかな糸《いと》につつまれて、野原《のはら》の冬《ふゆ》をすごします。

●ナガコガネグモの卵《らん》のう。じょうぶなふくろが、雨《あめ》やしもから、うみっぱなしの卵《たまご》をまもる。

子《こ》グモの誕生《たんじょう》

←母親《ははおや》のつくった卵《らん》のうをやぶって誕生《たんじょう》したオニグモのなかまの子《こ》グモたちは，協力《きょうりょく》して糸《いと》をだしあい，ひとつの網《あみ》をはる。その中《なか》で子《こ》グモたちは，ボールのようにかたまってくらす。きゅうに風《かぜ》がふいたり，おどろくと，ぱっとちらばる。子《こ》グモたちの集団生活《しゅうだんせいかつ》は，ひろい野原《のはら》に，１ぴきずつわかれていく日《ひ》までつづく。

↓ササグモの母親《ははおや》は，子《こ》グモが誕生《たんじょう》するまで，卵《たまご》のふくろをまもりつづける。卵《たまご》をまもるクモは，指《ゆび》でさわっても，じっとしてうごかない。子《こ》グモが誕生《たんじょう》すると母《はは》親《おや》の役《やく》めもおわり，子《こ》グモの集団生活《しゅうだんせいかつ》がはじまる。

➡卵《たまご》をつつんだふくろを、おしりにつけていたコモリグモは、子《こ》グモがかえると背《せ》なかにのせて歩《ある》きまわる。

⬅糸《いと》をはきだすジョロウグモ。やがて足《あし》をはなし、風《かぜ》にながされる糸《いと》をつたわり、新《あたら》しい場《ば》所《しょ》へ移《い》動《どう》する。

子《こ》グモの空中旅行《くうちゅうりょこう》

コモリグモの子《こ》グモたちは、卵《たまご》のときから、母親《ははおや》といっしょでした。でも、まもなく、ほかのクモの子《こ》どもたちとおなじように、子《こ》グモは遠《とお》い旅行《りょこう》にでかけます。

子《こ》グモたちは草《くさ》をよじのぼり、てっぺんにつくとおしりをもちあげ、糸《いと》をだします。かるい糸《いと》が風《かぜ》にまいあがると、やがて子《こ》グモはながくのびた糸《いと》にひかれて空《そら》にのぼっていきます。子《こ》グモが、すみよい場《ば》所《しょ》をさがしに、空中旅行《くうちゅうりょこう》にとびたったのです。

子《こ》グモにかぎらずほかのクモも、空中《くうちゅう》に糸《いと》をだし、木《き》のえだなどにひっかけて、それをつたって新《あたら》しい場《ば》所《しょ》に移《い》動《どう》します。

空《そら》とぶクモのゆき先《さき》は、風《かぜ》しだい。
どこにつくか、わかりません。
虫《むし》がとびまわる、花《はな》さく野原《のはら》に。
小鳥《ことり》がえさをさがす、森《もり》のおくに。
風《かぜ》が、クモをはこびます。

●空中旅行《くうちゅうりょこう》がおわり，新《あたら》しい場所《ばしょ》で，新《あたら》しい生活《せいかつ》をはじめる，ジョロウグモの幼生《ようせい》。

*クモの先祖《せんぞ》

←ムチサソリ。ウミサソリのなかまから、陸《りく》にあがって進化《しんか》したクモの親《しん》せきで、サソリに近《ちか》いなかま。

クモの遠《とお》い先祖《せんぞ》は、約《やく》五億年前《おくねんまえ》に、海《うみ》で生活《せいかつ》していた三葉虫《さんようちゅう》のなかまです。このなかまから、ながい年月《ねんげつ》をかけて、カブトガニやウミサソリのなかまが進化《しんか》しました。そして、ウミサソリのなかまから、陸《りく》にあがって進化《しんか》したものが、サソリやクモのなかまだと考《かんが》えられています。約《やく》三億年前《おくねんまえ》の、石炭紀《せきたんき》とよばれる時代《じだい》の地層《ちそう》からは、今《いま》のクモと、あまり形《かたち》がかわらないクモの化石《かせき》がみつかっています。でも、キムラグモのように、まだ腹部《ふくぶ》に節《ふし》のある原始的《げんしてき》なクモです。節《ふし》は三葉虫時代《さんようちゅうじだい》のなごりです。石炭紀《せきたんき》のクモは、地面《じめん》を走《はし》るゴキブリなどの、原始的《げんしてき》なこん虫《ちゅう》をえさにしていたのかもしれません。石炭紀《せきたんき》は、三葉虫《さんようちゅう》のなかまから、クモとは別《べつ》に進化《しんか》したこん虫《ちゅう》たちが、陸《りく》にあがって、繁栄《はんえい》しはじめた時代《じだい》です。

●クモの先祖《せんぞ》とそのなかま

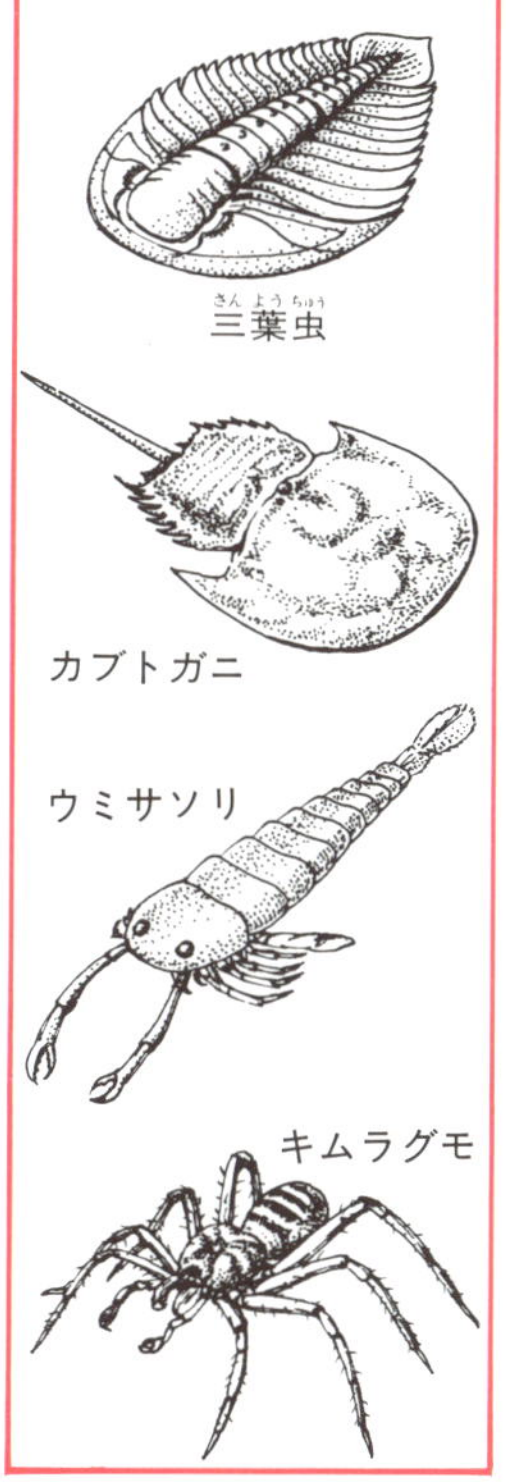

＊ひろがるクモの生活場所《せいかつばしょ》

➡水面《すいめん》でえものをまちぶせる、スジボケハシリグモ。ときには、水面《すいめん》にうかぶオタマジャクシをとらえる。

花《はな》がさく植物《しょくぶつ》があらわれたのは、今《いま》から一億年《おくねん》ほど前《まえ》のことです。花《はな》がさくと、みつをえさにしたり、植物《しょくぶつ》の上《うえ》でくらすこん虫《ちゅう》があらわれ、種類《しゅるい》も数《かず》もふえました。クモの生活場所《せいかつばしょ》もひろがりました。キムラグモやトタテグモのように、地中生活《ちちゅうせいかつ》するなかまから、植物《しょくぶつ》の上《うえ》で、えものをとるクモがあらわれたからです。

草《くさ》や葉《は》のしげみに網《あみ》をはるクサグモ、花《はな》や葉《は》のかげで、えものをまちぶせるハエトリグモやカニグモ、そして、とびまわるこん虫《ちゅう》を空中《くうちゅう》でまちぶせる、円網《まるあみ》をつくるクモもあらわれました。コモリグモやハシリグモのように、水《みず》の上《うえ》で、えものをとるなかまもあらわれました。糸《いと》を命《いのち》づなや網《あみ》につかって、いろいろな場所《ばしょ》で、いろいろなこん虫《ちゅう》をつかまえるようになりました。

クモは、同《おな》じ場所《ばしょ》でなかまがふえすぎて、えさ不足《ぶそく》になるのを、子《こ》グモの空中旅行《くうちゅうりょこう》でふせいでいます。風船《ふうせん》のように軽《かる》い糸《いと》は、羽《はね》のないクモを、新《あたら》しい生活場所《せいかつばしょ》に、はこんでいく役《やく》めをしています。

●クモのなかまの生活場所《せいかつばしょ》

花《はな》のかげには，**ハナグモ**，**アズチグモ**，**カニグモ**などのなかまがまちぶせる。

大《おお》きなえだのあいだには，**オニグモ**や**コガネグモ**などの円《まる》網《あみ》をはるなかまが，空《くう》中《ちゅう》でまちぶせる。

葉《は》やえだには，**ハエトリグモ**や**カニグモ**のなかまが歩《ある》きまわってえものをさがす。

草《くさ》や葉《は》のしげみには**クサグモ**が網《あみ》をはってまちぶせる。

木《き》の根《ね》もとには，**ジグモ**がふくろの網《あみ》をのばして，えものをまちぶせる。

地《ち》中《ちゅう》から，とびらをおしあけて，**トタテグモ**が地《ち》表《ひょう》の虫《むし》をまちぶせる。

草《くさ》の下《した》の地《ち》表《ひょう》には，**コモリグモ**や**ハシリグモ**が歩《ある》きまわってえものをさがす。

がけの斜面《しゃめん》には，**キムラグモ**がトンネルをほってまちぶせる。

水《みず》辺《べ》は，**コモリグモ**や**ハシリグモ**のなかまが水《みず》におちた虫《むし》をおそう。

■クモのからだ

●オニグモの頭胸部《とうきょうぶ》

●クモのおすとめすのみわけかた

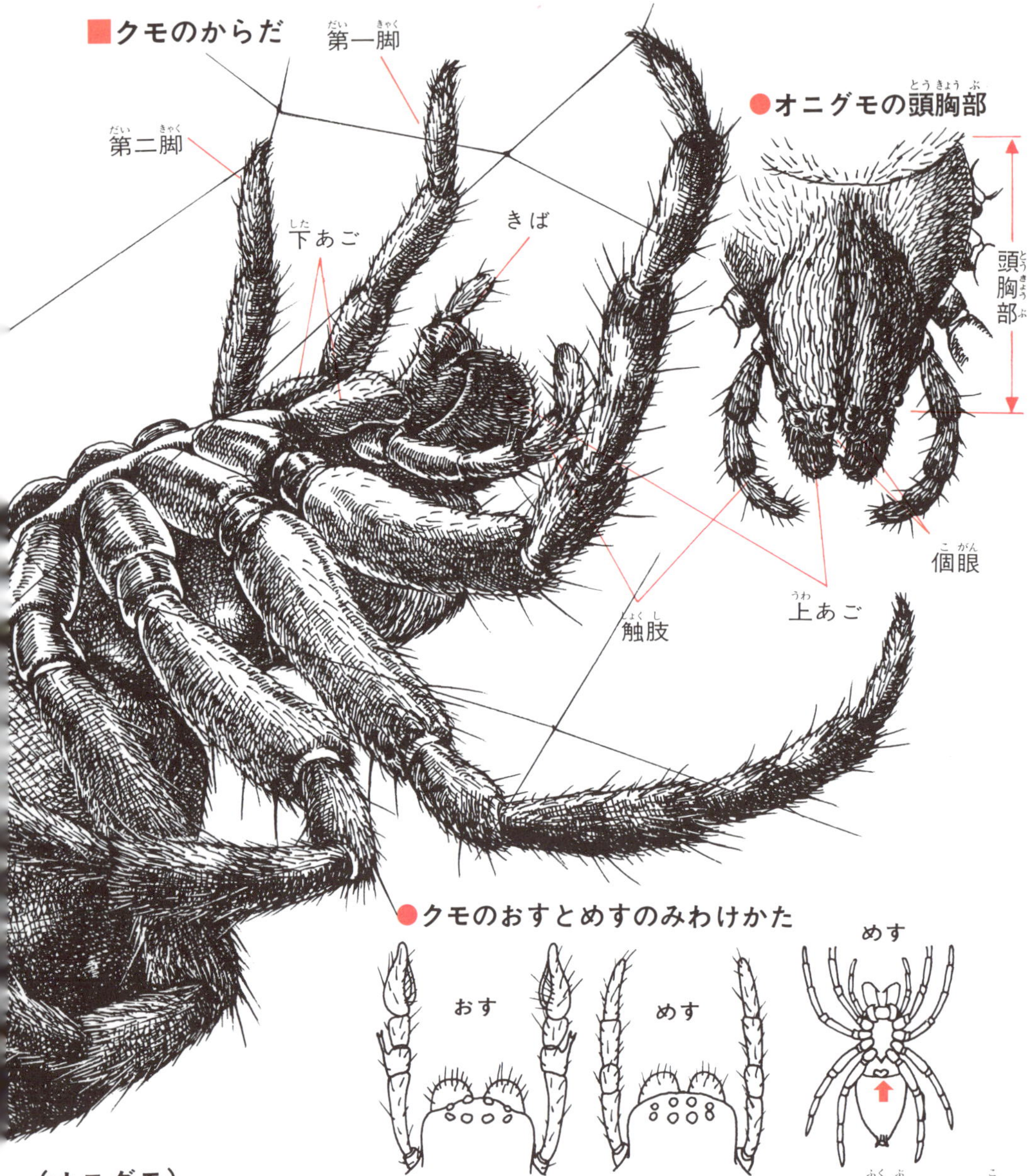

（オニグモ）

触肢《しょくし》の先《さき》がふくれている。

触肢《しょくし》の先《さき》がほそい。

めすの腹部《ふくぶ》には，濃《こ》い褐色《かっしょく》にみえるくぼみ（矢印《やじるし》）がある。

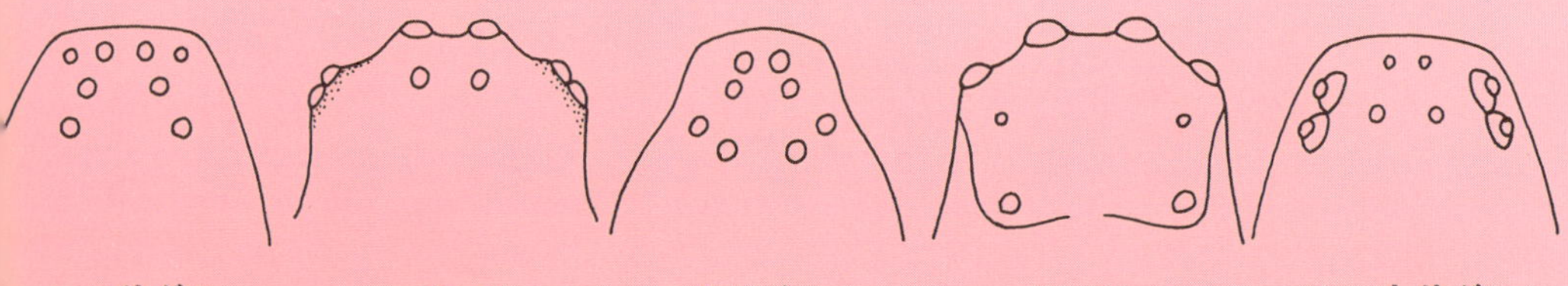

クモとこん虫《ちゅう》のちがい

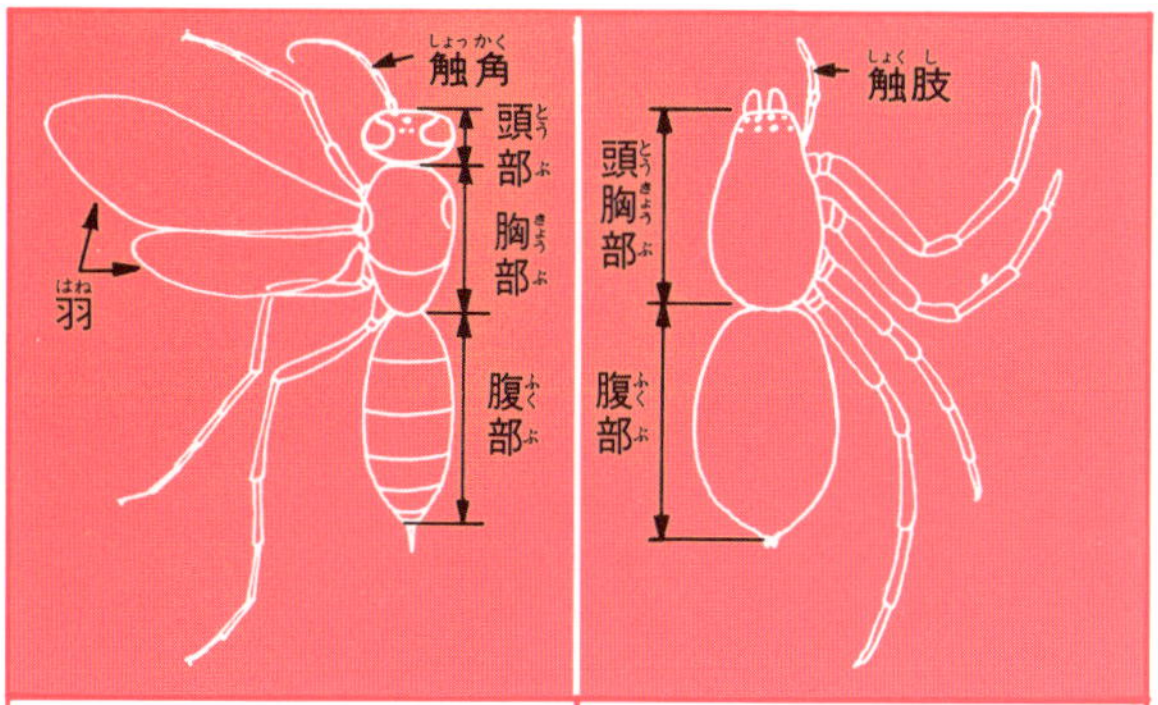

	〈こん虫《ちゅう》〉	〈クモ〉
からだの区分《くぶん》	頭《あたま》・胸《むね》・腹《はら》の3つの部分《ぶぶん》にわかれる。	頭《あたま》と胸《むね》のさかいがなく，頭胸部《とうきょうぶ》と腹部《ふくぶ》にわかれる。
からだの節《ふし》	胸《むね》にも腹《はら》にも節《ふし》がある。	節《ふし》がない。
足《あし》の数《かず》	3対《つい》(6本《ぼん》)ある。	4対《つい》(8本《ほん》)ある。
羽《はね》	ふつう2対《つい》(4枚《まい》)ある。	まったくない。
糸《いと》をだす突起《とっき》	ない。幼虫《ようちゅう》で口《くち》から糸《いと》をだすものはある。	ふつう腹部《ふくぶ》のはしに3対《つい》あり，例外《れいがい》なしにどのクモも糸《いと》をだす。

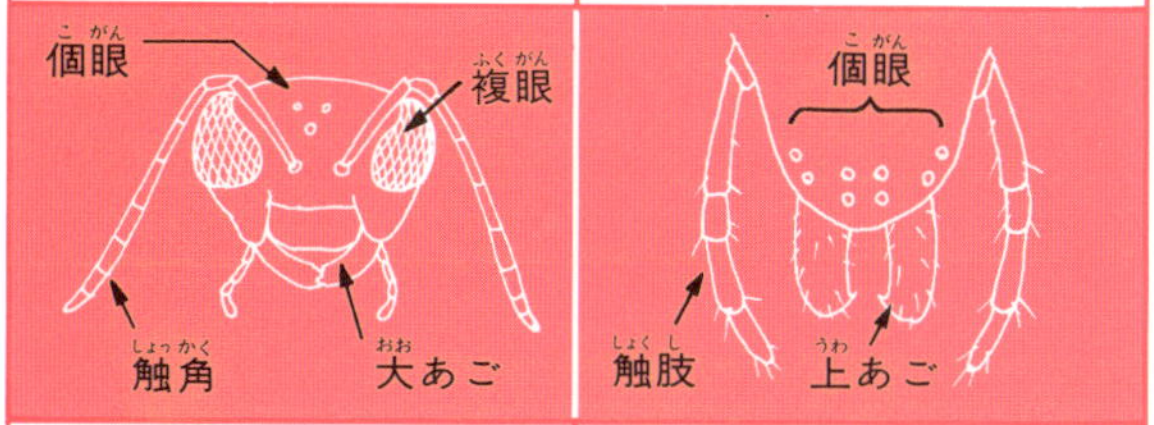

	〈こん虫《ちゅう》〉	〈クモ〉
触角《しょっかく》	かならず1対《つい》ある。	ない。かわりに触肢《しょくし》がある。
目《め》	複眼《ふくがん》が2個《こ》と，ふつう個眼《こがん》が3個《こ》ある。	個眼《こがん》がふつう8個《こ》ある。複眼《ふくがん》はない。

網《あみ》をはるクモのつめ（オニグモ）

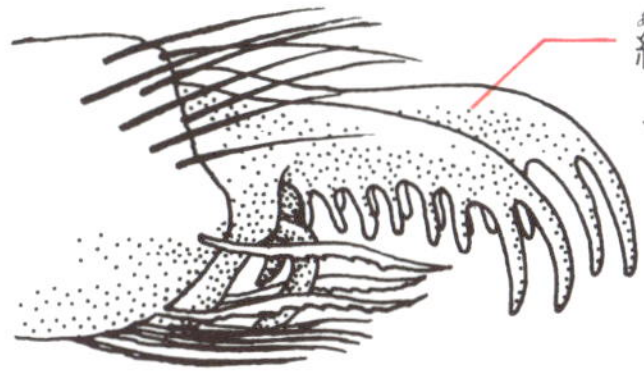

網《あみ》の糸《いと》にひっかけて歩《ある》
つめは3本《ぼん》。

網《あみ》をはらないクモのつめ（ハエトリグモ）

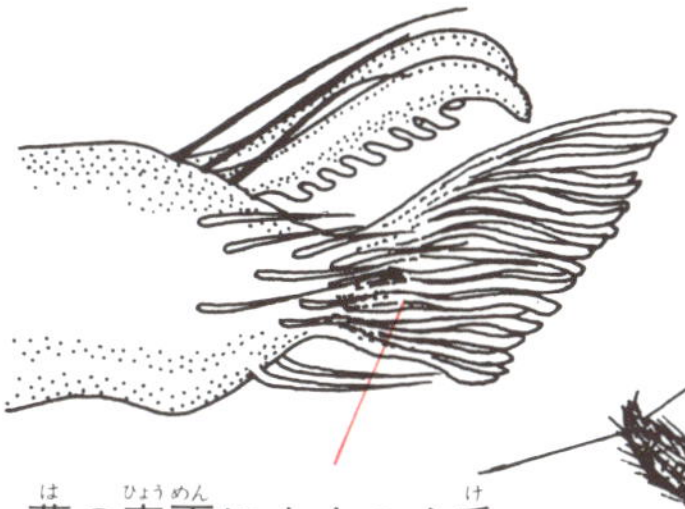

葉《は》の表面《ひょうめん》によくつく毛《け》。
つめは2本《ほん》。

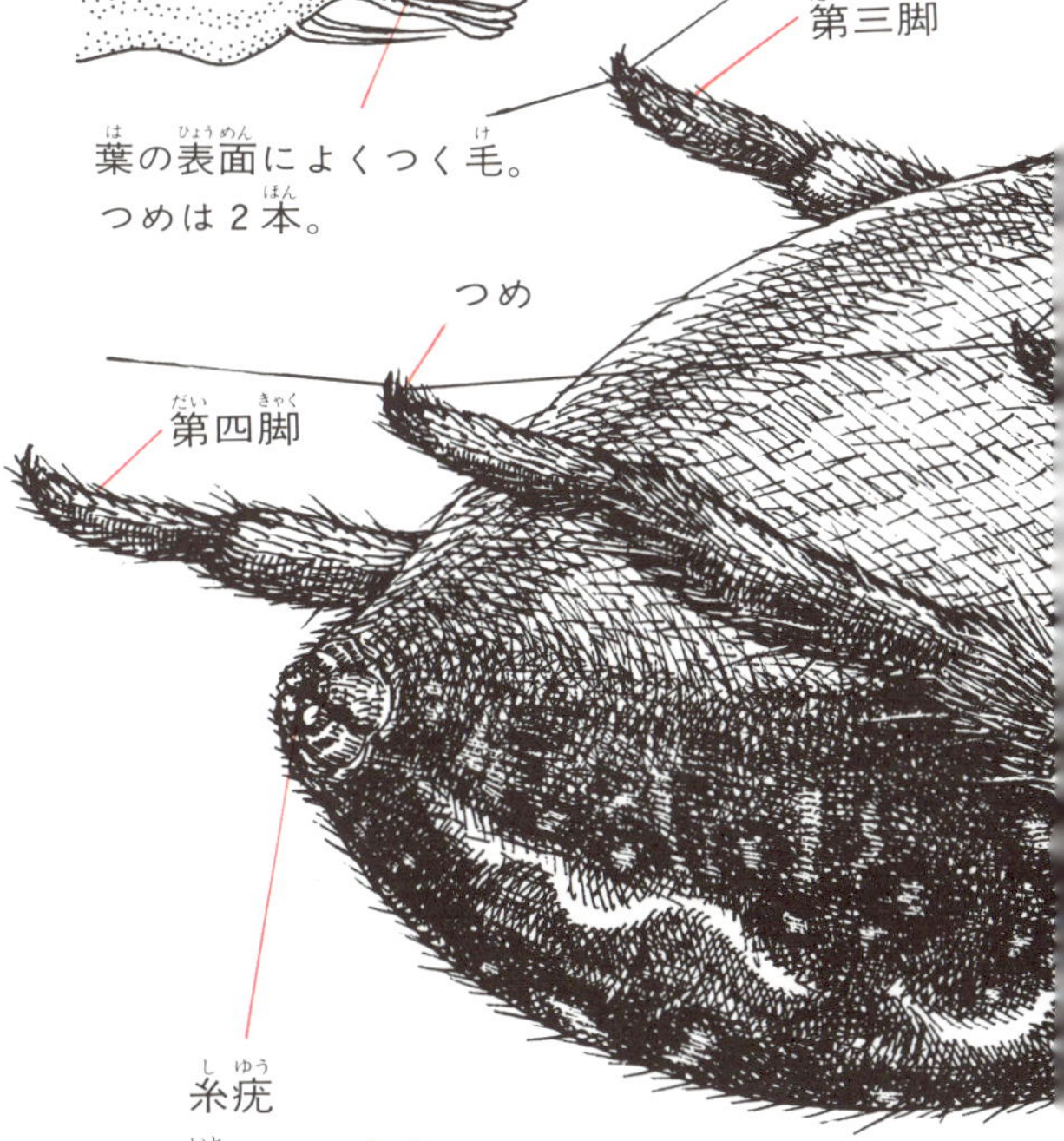

糸《いと》をだすいぼ

クモの目《め》の配列《はいれつ》

クモはふつう8個《こ》の個眼《こがん》をもっているが，クモの種類《しゅるい》によって個眼《こがん》の数《かず》や配列《はいれつ》，大《おお》きさがちがう。これを手《て》がかりにクモの種類《しゅるい》がわかる。

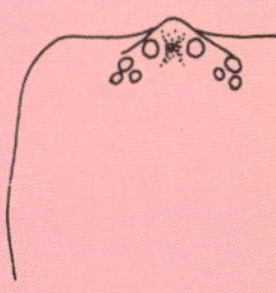

ジグモ

ふつうクモには、自由《じゆう》にうごく六つのいぼがあります。このいぼに、何百本《なんびゃっぽん》もの毛《け》のような管《くだ》があり、そこから粘液《ねんえき》をだします。粘液《ねんえき》が空気《くうき》にふれると糸《いと》になります。強《つよ》さは、同《おな》じふとさのナイロン糸《いと》と、そうかわりません。クモは、この糸《いと》をたくみにつかって生活《せいかつ》しています。

●クモのからだの断面《だんめん》と糸《いと》を出《だ》すしくみ

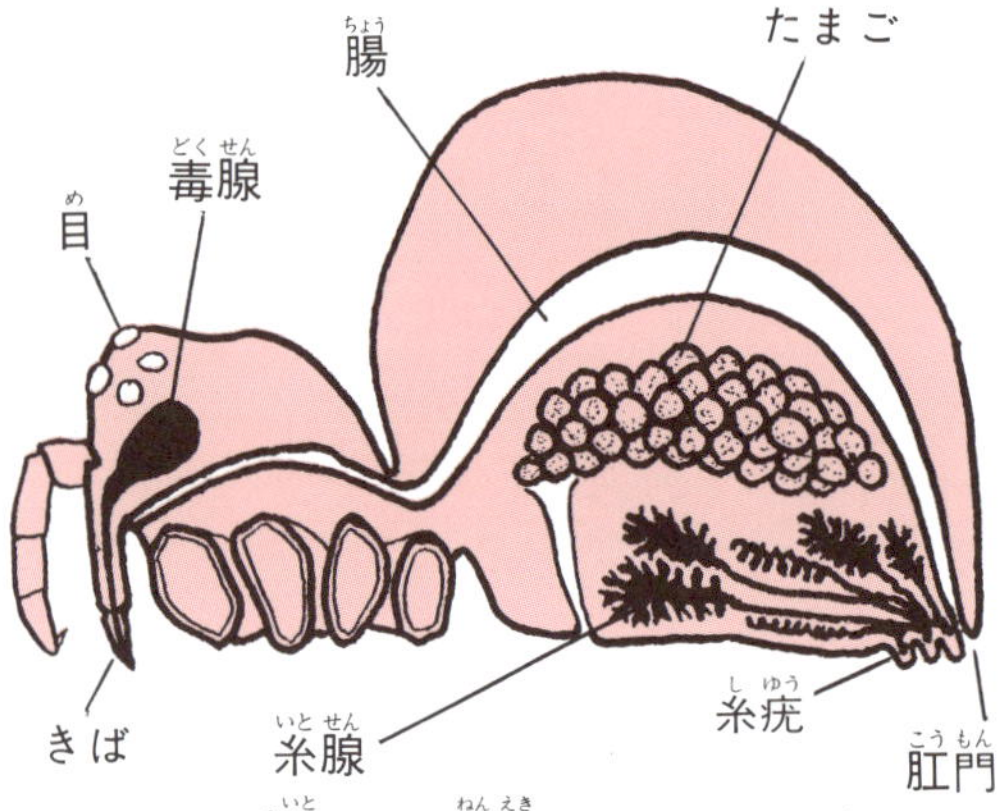
（糸《いと》になる粘液《ねんえき》をつくるところ）

●流《なが》し糸《いと》

子《こ》グモが空中旅行《くうちゅうりょこう》に出発《しゅっぱつ》するときに流《なが》す糸《いと》。かるい糸《いと》は風《かぜ》にとばされ，子《こ》グモや小《ちい》さなクモをはこぶ。

●命《いのち》づなの役《やく》めをする糸《いと》

クモが歩《ある》きまわるとき引《ひ》いている糸《いと》。しおり糸《いと》とよばれ，高《たか》いえだからおりるときは，命《いのち》づなの役《やく》めをする。

●受信糸《じゅしんし》（矢印《やじるし》）

▲ヒラタグモの受信糸《じゅしんし》

えものが網《あみ》にかかったり，近《ちか》くにきたことを，巣《す》にかくれているクモにしらせる糸《いと》。糸《いと》のしん動《どう》でしらせる。

●すみかの材料《ざいりょう》

◀フクロウグモの巣《す》

休息《きゅうそく》やまちぶせのために，糸《いと》で巣《す》をつくる。産卵《さんらん》や越冬《えっとう》のための巣《す》もある。

●たまごをつつむふくろ

どのクモも，糸《いと》で卵《たまご》をつつむふくろ（卵《らん》のう）をつくる。卵《らん》のうは，卵《たまご》をまもる役《やく》めをする。

▲イソウロウグモの卵《らん》のう

■かわった網《あみ》をはるクモ

●糸《いと》が数本《すうほん》の網《あみ》

マネキグモの網《あみ》は，数本《すうほん》の糸《いと》を引《ひ》いたかんたんなもの。足《あし》で糸《いと》をたぐって，えものがかかったかをしらべる。マツ葉《ば》のようなほそいからだは，糸《いと》とみわけがつきにくい。

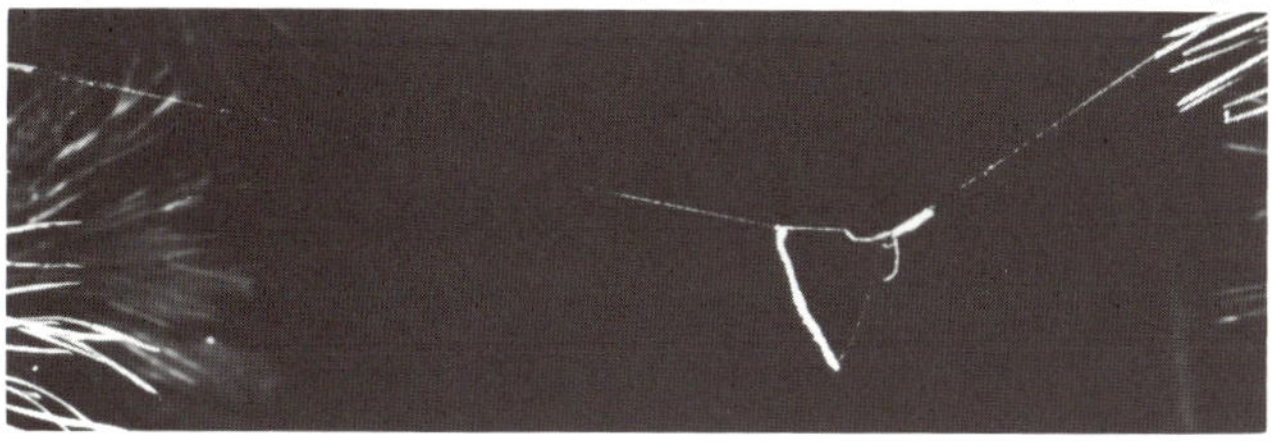

●網《あみ》でテントをはるクモ

ハグモは，葉《は》っぱの表面《ひょうめん》に，日《ひ》よけのようなテントの網《あみ》をはって，網《あみ》の下《した》にひそんでいる。

●水中《すいちゅう》に網《あみ》をはるミズグモ

ミズグモは，水《みず》の中《なか》にドーム型《がた》の網《あみ》をはり，空気《くうき》をはこんで，その中《なか》で生活《せいかつ》する。日本《にっぽん》でいままでに，3回発見《かいはっけん》されている。

●オオギグモの三角網《さんかくあみ》

オオギグモは，空中《くうちゅう》に三角形《さんかくけい》の網《あみ》をはる。えものがかかると糸《いと》をゆすって，横糸《よこいと》にねばりつかせる。

●網《あみ》

えものをとらえる網《あみ》の材料《ざいりょう》は，ねばる粘液《ねんえき》のついた糸《いと》や，さまざまなふとさの糸《いと》。網《あみ》をはる足場《あしば》もほそい糸《いと》。

●えものをつつむ糸《いと》

◀糸《いと》をまくコガネグモ

網《あみ》にかかったえものを，ぐるぐるまきにしてうごけなくするためにつかう糸《いと》。

●糸《いと》をとめる糸《いと》

クモは，命《いのち》づなのしおり糸《いと》を，葉《は》やえだにたくさんの糸《いと》でとめてから，歩《ある》きまわったり，えだからおりたりする。

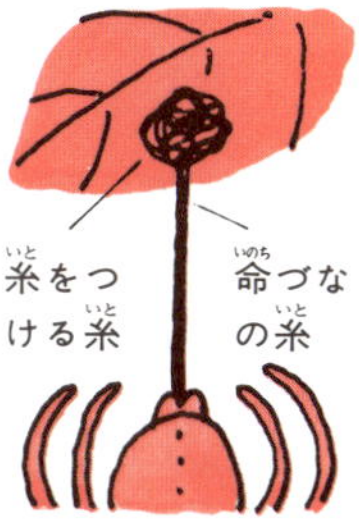

●円網《まるあみ》をはるクモが自分《じぶん》の網《あみ》にねばりつかないわけ。

①ねばりつく横糸《よこいと》の上《うえ》を歩《ある》かず，ねばりつかないたて糸《いと》や足場糸《あしばいと》の上《うえ》を歩《ある》く。
②足《あし》やからだに油《あぶら》のような物質《ぶっしつ》が分泌《ぶんぴ》していて，それがくっつくのをふせぐ。

●クモの成長《せいちょう》

春《はる》から夏《なつ》にかけて、多《おお》くのクモが成長《せいちょう》します。成長《せいちょう》するにつれて、こん虫《ちゅう》と同《おな》じように、きゅうくつになった古《ふる》い皮《かわ》をぬぎすてて、大《おお》きくなります。でも、チョウのように親《おや》と子《こ》で、すがたがかわることはありません。何度《なんど》か皮《かわ》をぬいで、親《おや》グモに成長《せいちょう》します。

●コガネグモの皮《かわ》ぬぎ

網《あみ》の中央《ちゅうおう》で，じっとしていたクモの背《せ》なかがわれて，からだがぬけだす。ながい足《あし》がぬけると，糸《いと》でささえてぶらさがる。クモの脱皮《だっぴ》は，わずか数分《すうふん》のみじかい時間《じかん》で，するりとおこなわれる。

●交尾《こうび》と産卵《さんらん》

クモの交尾《こうび》は、夏《なつ》から秋《あき》にかけてです。おすが網《あみ》の糸《いと》をはじいたり、ダンスの信号《しんごう》で、めすにえものとまちがわれないように合図《あいず》して、近《ちか》づきます。交尾《こうび》がおわると、やがてめすの産卵《さんらん》です。

↑カニグモの交尾《こうび》。

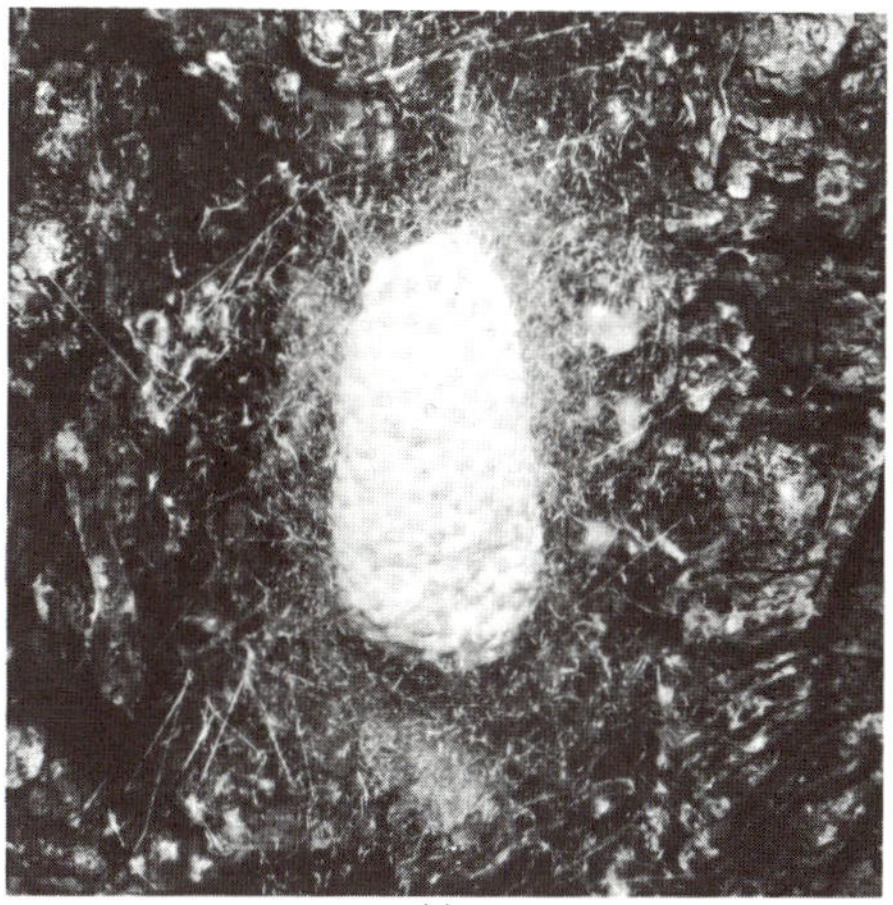

ジョロウグモの卵《らん》のう。

卵《たまご》をはこぶコモリグモ。

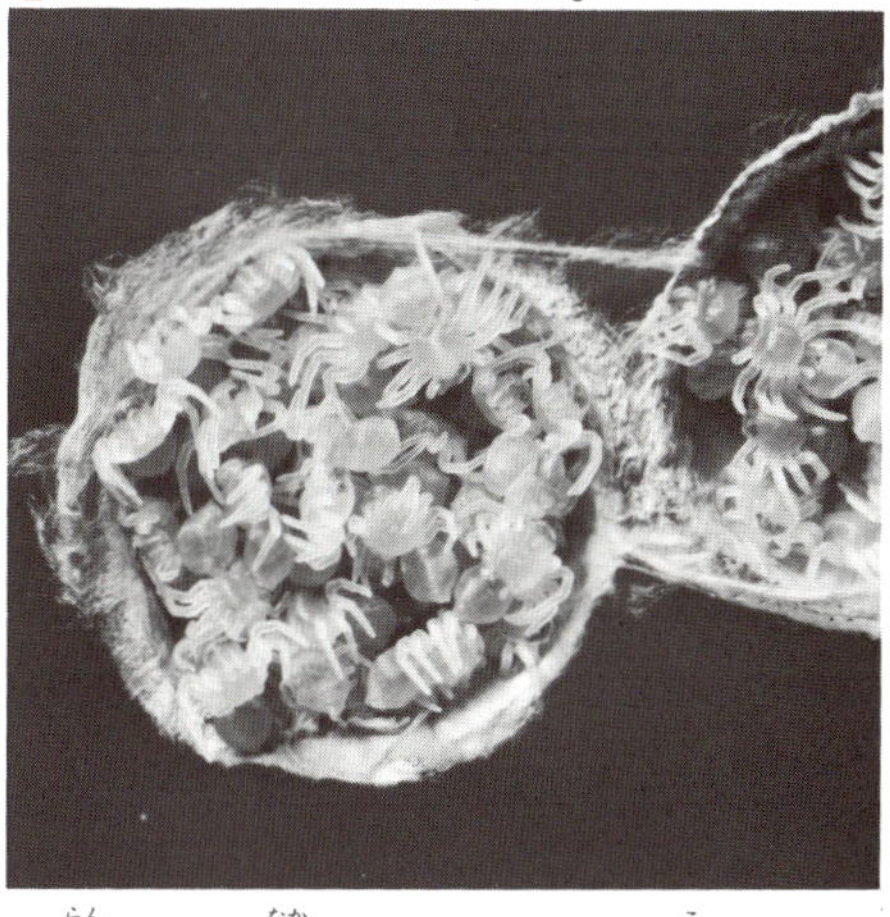

卵《らん》のうの中《なか》のコモリグモの子《こ》。

●子《こ》グモの誕生《たんじょう》

子《こ》グモの誕生《たんじょう》は、種類《しゅるい》によってちがいます。秋《あき》に誕生《たんじょう》するものも、卵《らん》のうの中《なか》で、冬《ふゆ》をすごすものもいます。誕生《たんじょう》した子《こ》グモは、四～五日《にち》は、母《はは》グモといっしょか、子《こ》グモの集団《しゅうだん》生活《せいかつ》をします。

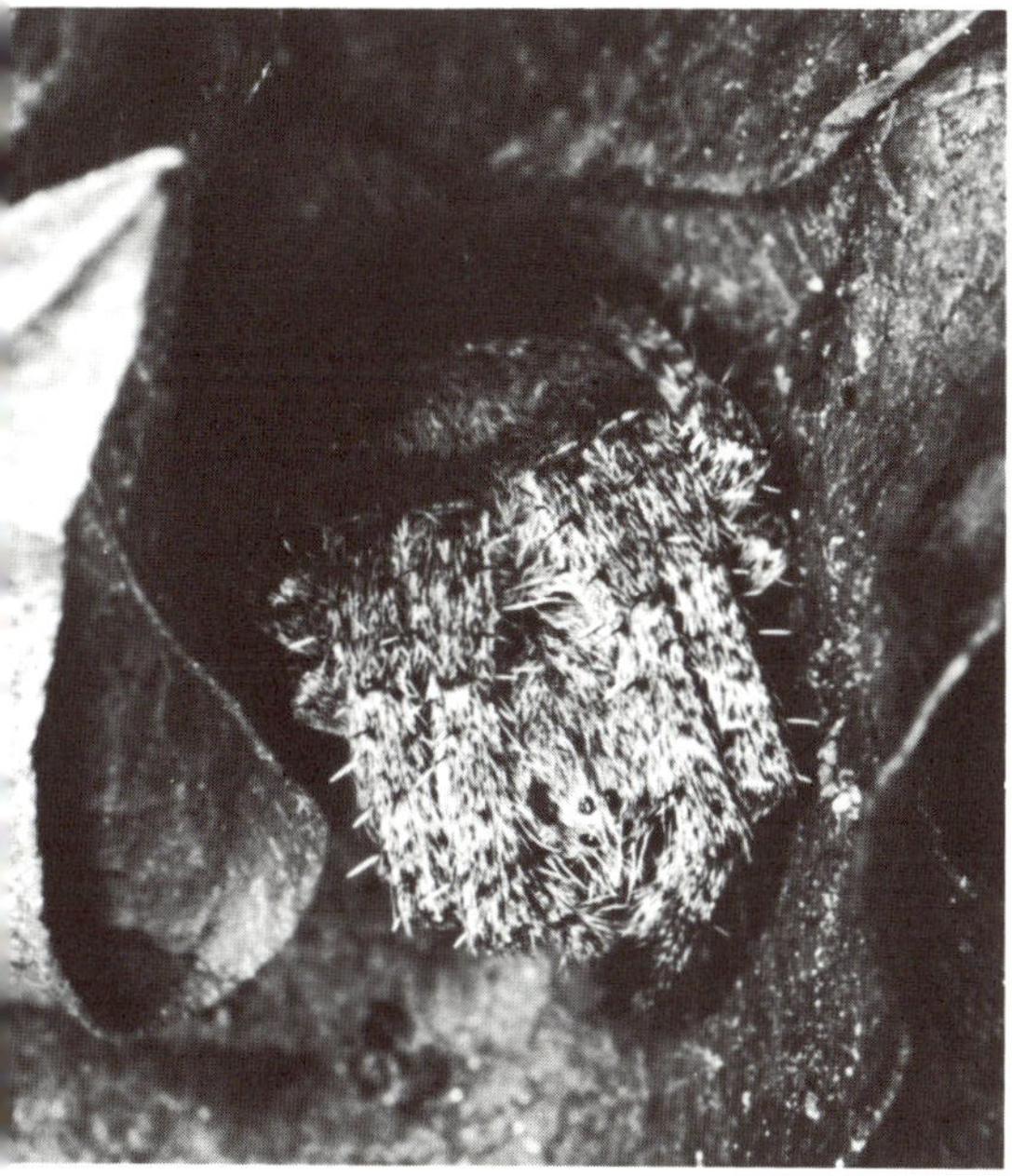

かれ葉《は》の下《した》で冬《ふゆ》ごしするコモリグモ。

●冬《ふゆ》のクモ

多《おお》くのクモが、木《き》の皮《かわ》の下《した》や、かれ葉《は》の下《した》で、じっと冬《ふゆ》の寒《さむ》さにたえています。

あたたかい日《ひ》には、はいだしたり、飛《ひ》行《こう》するクモもいます。秋《あき》おそくに飛《ひ》行《こう》する子《こ》グモの糸《いと》は雪《ゆき》むかえ、春《はる》はやくに飛《ひ》行《こう》する糸《いと》は雪《ゆき》おくりとよばれています。

＊こん虫《ちゅう》の天敵《てんてき》、クモの活《かつ》やく

⬆農薬《のうやく》に強《つよ》いイネの害虫《がいちゅう》，ツマグロヨコバイ。

⬆水田《すいでん》に多《おお》いコモリグモ。水田《すいでん》では，網《あみ》をはらずに走《はし》りまわって，えものをとらえるクモが多《おお》い。

ニカメイガは、幼虫《ようちゅう》がイネの茎《くき》をたべる小型《こがた》のガです。農家《のうか》の人《ひと》を苦《くる》しめてきた、害虫《がいちゅう》です。でも、今《いま》では農薬《のうやく》の使用《しよう》で、ずいぶんへりました。

ところが、農薬《のうやく》をつかいだしてから、ふえたこん虫《ちゅう》がいます。針《はり》のような口《くち》で、イネのしるをすう、ヨコバイやウンカです。農薬《のうやく》も、あまりききません。イネの病気《びょうき》を、針《はり》の口《くち》で伝染《でんせん》させてまわるほどふえてしまいました。

農業試験場《のうぎょうしけんじょう》には、農薬《のうやく》をまかない水田《すいでん》があります。そこには、なぜかヨコバイが大発生《だいはっせい》しません。しらべてみると、クモがたくさんいました。クモが走《はし》りまわって、ヨコバイやウンカをとらえていたのです。もうひとつわかったことは、クモがとても農薬《のうやく》に弱《よわ》いことでした。

ヨコバイがふえたのは、農薬《のうやく》をまくと、いちばん先《さき》にクモが死《し》ぬからです。天敵《てんてき》のいなくなった水田《すいでん》で、農薬《のうやく》に強《つよ》いヨコバイは、たべられずに、

■水田《すいでん》のクモの記録《きろく》

●水田《すいでん》のクモの数《かず》（多《おお》いときで）

１平方《へいほう》メートルで，約《やく》60～100ぴき

１株《かぶ》あたり，４～６ぴきぐらい

●クモが１日《にち》にとったウンカ，ヨコバイの数《かず》（多《おお》いときで）

１平方《へいほう》メートルで約《やく》100～230ぴき

●水田《すいでん》に多《おお》いクモの種類《しゅるい》

水田《すいでん》には，約《やく》36種類《しゅるい》のクモがすんでいる。なかでもコモリグモの種《しゅ》類《るい》が多《おお》い。数《かず》が多《おお》いのは，セスジアカムネグモ。

どんどんふえるのです。

農薬《のうやく》も、つかいかたによっては、かえって害虫《がいちゅう》がふえる原因《げんいん》にもなることが、これでわかりました。そして、どれほどわたしたちの生活《せいかつ》に、クモが役立《やくだ》っているかもわかりました。

農薬《のうやく》をまかない水田《すいでん》でふえたクモのなかには、糸《いと》による空中飛行《くうちゅうひこう》で、遠《とお》い畑《はたけ》にとんでいき、そこで、野菜《やさい》の害虫《がいちゅう》を退治《たいじ》する種類《しゅるい》もいます。クモは、人間《にんげん》に害《がい》にならないどころか、生《い》きた農薬《のうやく》です。

■害虫《がいちゅう》を退治《たいじ》するクモのなかま

●アシダカグモ

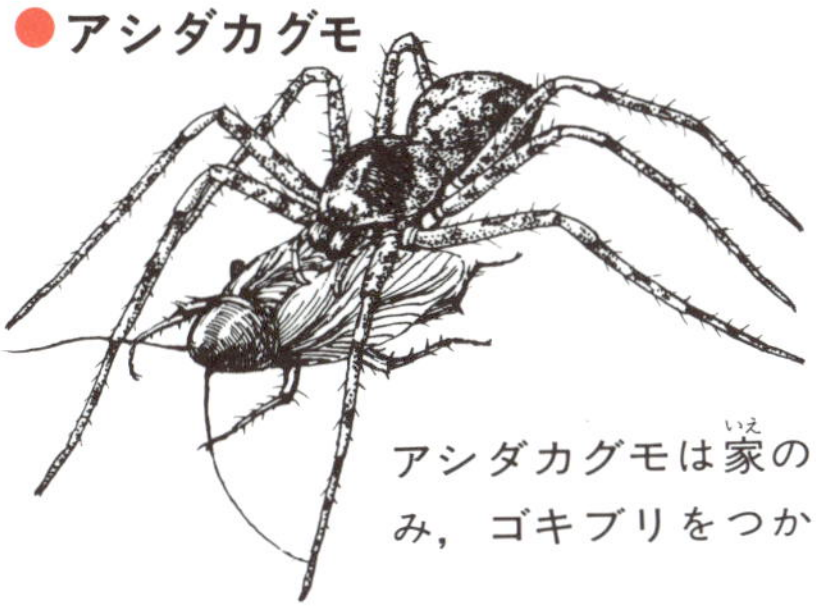

アシダカグモは家《いえ》のなかにすみ，ゴキブリをつかまえる。

●ハエトリグモ

ハエトリグモは家《いえ》のなかにすみ，かべや天《てん》じょうを歩《ある》きまわって，ハエをとらえる。

●ササグモ

スギタマバエなど，スギの害虫退治《がいちゅうたいじ》にササグモをスギ林《ばやし》にはなして大成《だいせい》こうをおさめた。

●どんなクモが，どんな虫《むし》を退治《たいじ》するかしらべてみよう。

どんなクモが，どんな虫《むし》をどれくらいとらえているか，よくしられていない。害虫退治《がいちゅうたいじ》にクモを利用《りよう》するために，しらべてみよう。

⬆日本《にっぽん》で最大《さいだい》のオオジョロウグモのめす。体長《たいちょう》4〜5cm。おすは0.7〜1cm。

クモは人間《にんげん》に害《がい》をあたえない、安全《あんぜん》な生物《せいぶつ》です。クモの毒《どく》(消化液《しょうかえき》)は、毒《どく》がないといっていいほど弱《よわ》いものです。かまれるといたむのは、ススキの葉《は》などをまいて巣《す》をつくる、コマチグモのなかまだけです。ほかは、ほとんど安全《あんぜん》なクモばかりです。生活《せいかつ》や一生《いっしょう》が、まだすっかりしらべられてないクモがたくさんいます。クモをみなおしてみませんか、新《あたら》しい発見《はっけん》があるかもしれません。

●試験管《しけんかん》でハエトリグモをかおう

試験管《しけんかん》の中《なか》で，ハエトリグモをかってみましょう。えさは，ハエなど生《い》きたこん虫《ちゅう》。えものをつかまえるところをみてみませんか。

●ビーカーでジグモをかおう

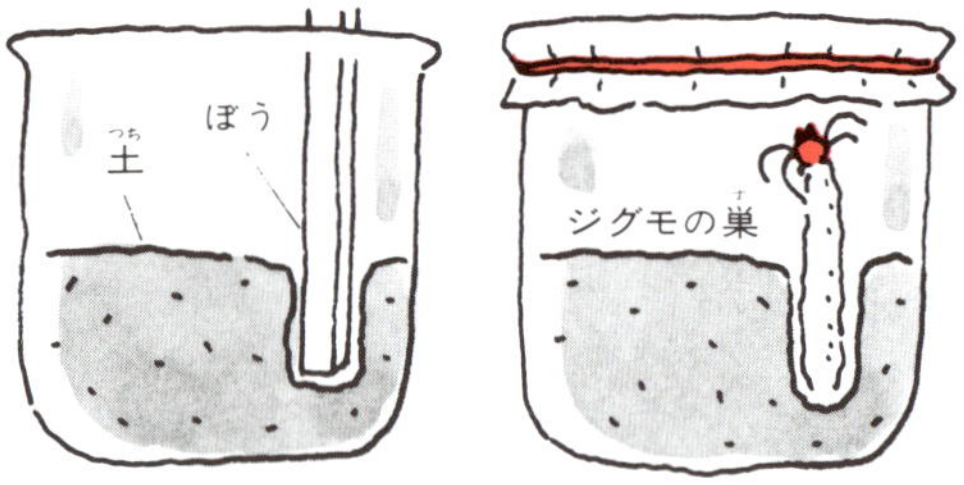

ビーカーに土《つち》をいれて，ぼうでくぼみをつくり，ジグモをかってみましょう。ガラスに面《めん》したくぼみの中《なか》から，ジグモがふくろの巣《す》をのばします。

●クサグモの巣《す》づくりをみよう

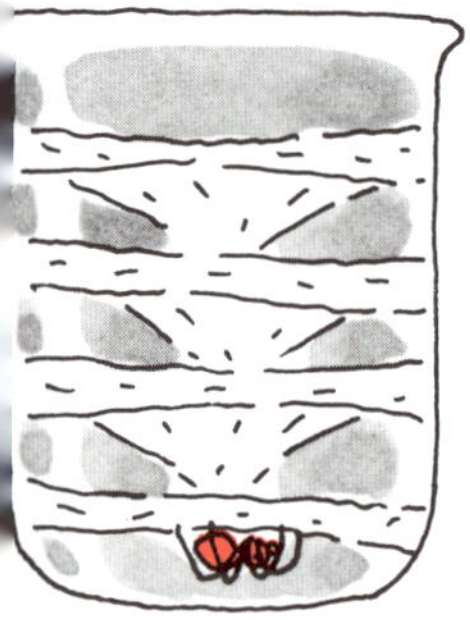

クサグモをビーカーの中《なか》でかってみましょう。何《なん》だんものたな網《あみ》をつくります。トンネルもつくります。クモのえさは，生《い》きた小《ちい》さなこん虫《ちゅう》です。

●まいたススキの葉《は》をしらべよう

ススキやササのまいた葉《は》はコマチグモの巣《す》。母《はは》グモが卵《らん》のうをまもっている巣《す》もあります。母《はは》グモは，子《こ》グモが誕生《たんじょう》すると子《こ》グモのえさになります。

●網《あみ》に葉《は》っぱをつけてみよう

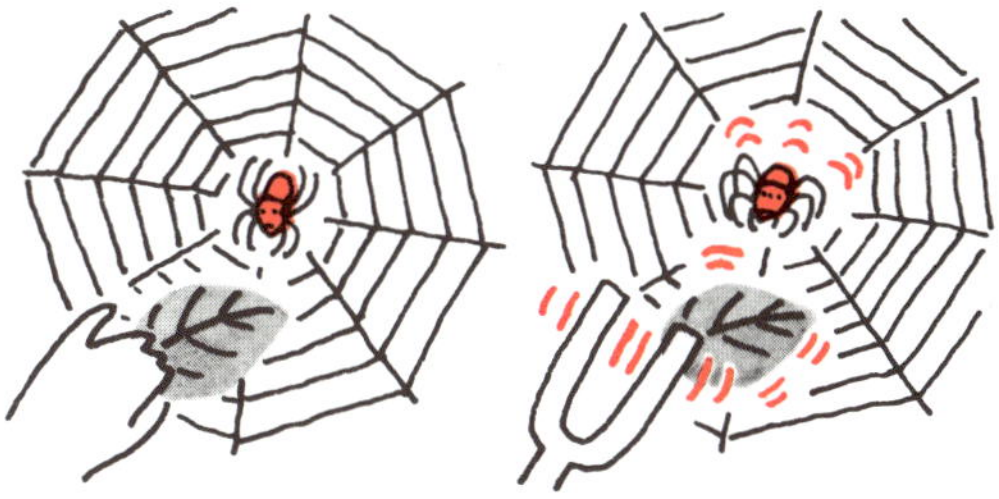

クモの網《あみ》に葉《は》っぱをくっつけてみましょう。クモがつかまえるでしょうか。音《おん》さを葉《は》っぱにつけてふるわせると，クモが糸《いと》で葉《は》っぱをまきます。クモは糸《いと》のしん動《どう》でえさをとらえるのです。

●あきビンでクモをつかまえる方法《ほうほう》

クモの採集《さいしゅう》は，口《くち》のひろいビンをうまくつかって，そっとビンにおいこむようにして，つかまえます。

●クモをおどかしてみよう

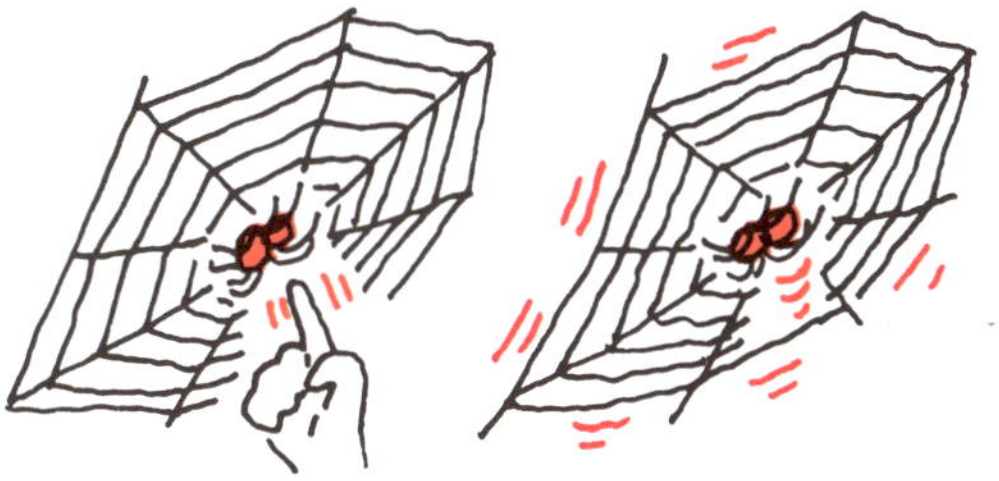

ナガコガネグモを，ゆびでそっとついてみましょう。かくれ帯《おび》のうらににげたり，それから網《あみ》をはげしくゆすります。ほかのクモは，どうでしょう

●クモの習性《しゅうせい》を利用《りよう》してつかまえる方法《ほうほう》

クサグモは，トンネルの出口《でぐち》にビンを用意《ようい》して，おどしてつかまえます。トンネルを通《とお》ってにげたクモが，ビンにおちます。ジグモは，ピンセットではさんだ小虫《こむし》を，ふくろの上《うえ》でしん動《どう》させて，つかまえます。クモが，ふくろをのぼってきて，虫《むし》にかみついたところをつかまえます。

●おどろくともようがかわるクモ

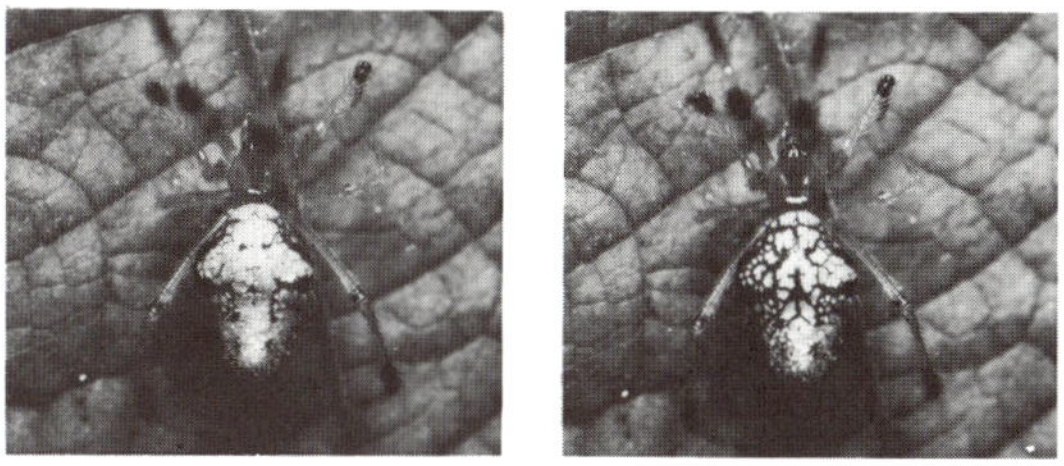

コガネヒメグモは，おどすとからだのもようや色《いろ》がかわります。ほかのクモはどうでしょうか。コガネヒメグモの体長《たいちょう》は0.7～0.8㎝ぐらいです。

あとがき

クモはどうしてきらわれるのでしょうか。クモのすがたのせいでしょうか。私《わたくし》も少《すこ》し前《まえ》までは、クモを気《き》もちの悪《わる》い虫《むし》としかおもっていませんでした。それが、クモを写真《しゃしん》にとりはじめてから、かわってしまいました。クモたちが、私《わたくし》のしらなかった、クモの生活《せいかつ》のひみつをみせてくれたからです。

キムラグモは、ま夜中《よなか》の山《やま》のなかで、えものをとらえてくれました。ジグモは庭《にわ》のかたすみで巣《す》のつくり方《かた》を、コガネグモは目《め》の前《まえ》で脱皮《だっぴ》してみせてくれました。カメラのファインダーごしに、クモの生活《せいかつ》をのぞく私《わたくし》には、声《こえ》をあげておどろくことばかりでした。そして、今《いま》まで、そのすがただけみてきらっていたことを、クモにすまなくおもうようになりました。

いろんなクモが、たくみにこん虫《ちゅう》をとらえていました。葉《は》のかげで、夜《よる》の闇《やみ》のなかで、私《わたくし》たちの生活《せいかつ》にかけがいのない働《はたら》きをしていました。もし、クモがいなかったら、農作物《のうさくもつ》の害虫《がいちゅう》は何倍《なんばい》にもふえていたことでしょう。人体《じんたい》への影《えい》響《きょう》がつたえられる農薬《のうやく》にかわって、クモをみなおさなければならないようです。

この本《ほん》をみて、みなさんがクモに関心《かんしん》をもってくださったら、クモが私《わたくし》たち人間《にんげん》の大切《たいせつ》な友《とも》だちであることが、きっとわかっていただけるとおもいます。

栗林《くりばやし》 慧《さとし》

（一九七四年十二月）

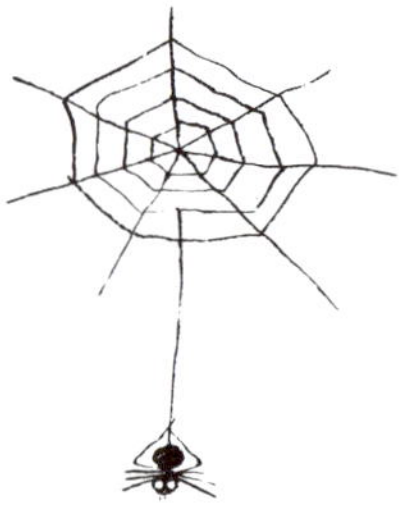

NDC486
栗林　慧
科学のアルバム　虫 9
クモのひみつ

あかね書房 1974
54P　23×19cm

科学のアルバム
クモのひみつ

一九七四年一二月初版
二〇〇五年 四 月新装版第 一 刷
二〇二三年一〇月新装版第一三刷

著者　栗林　慧
発行者　岡本光晴
発行所　株式会社 あかね書房
〒一〇一−〇〇六五
東京都千代田区西神田三−二−一
電話〇三−三二六三−〇六四一（代表）
https://www.akaneshobo.co.jp
印刷所　株式会社 精興社
写植所　株式会社 田下フォト・タイプ
製本所　株式会社 難波製本

ISBN978-4-251-03336-9
定価は裏表紙に表示してあります。
落丁本・乱丁本はおとりかえいたします。

○表紙写真

・ながい前足《まえあし》をひろげて、虫《むし》をまちぶせしているアズチグモ

○裏表紙写真（上から）

・かくれ帯《おび》の上《うえ》にいるコガネグモ
・たでの花《はな》の上《うえ》にいるアズチグモ
・メキシコヒマワリの上《うえ》にいるアズチグモ

○扉写真

・えものを糸《いと》でまいてつつむコガネグモ

○もくじ写真

・オニグモの巣《す》とオニグモ

科学のアルバム

全国学校図書館協議会選定図書・基本図書
サンケイ児童出版文化賞大賞受賞

虫

モンシロチョウ
アリの世界
カブトムシ
アカトンボの一生
セミの一生
アゲハチョウ
ミツバチのふしぎ
トノサマバッタ
クモのひみつ
カマキリのかんさつ
鳴く虫の世界
カイコ まゆからまゆまで
テントウムシ
クワガタムシ
ホタル 光のひみつ
高山チョウのくらし
昆虫のふしぎ 色と形のひみつ
ギフチョウ
水生昆虫のひみつ

植物

アサガオ たねからたねまで
食虫植物のひみつ
ヒマワリのかんさつ
イネの一生
高山植物の一年
サクラの一年
ヘチマのかんさつ
サボテンのふしぎ
キノコの世界
たねのゆくえ
コケの世界
ジャガイモ
植物は動いている
水草のひみつ
紅葉のふしぎ
ムギの一生
ドングリ
花の色のふしぎ

動物・鳥

カエルのたんじょう
カニのくらし
ツバメのくらし
サンゴ礁の世界
たまごのひみつ
カタツムリ
モリアオガエル
フクロウ
シカのくらし
カラスのくらし
ヘビとトカゲ
キツツキの森
森のキタキツネ
サケのたんじょう
コウモリ
ハヤブサの四季
カメのくらし
メダカのくらし
ヤマネのくらし
ヤドカリ

天文・地学

月をみよう
雲と天気
星の一生
きょうりゅう
太陽のふしぎ
星座をさがそう
惑星をみよう
しょうにゅうどう探検
雪の一生
火山は生きている
水 めぐる水のひみつ
塩 海からきた宝石
氷の世界
鉱物 地底からのたより
砂漠の世界
流れ星・隕石